THiNK

折中主义

ECLECTIC

［比利时］皮埃特·斯温伯格 / 著

［比利时］简·维林德 / 摄影

杨梓琼 / 译

科学技术文献出版社
SCIENTIFIC AND TECHNICAL DOCUMENTATION PRESS

·北京·

图书在版编目（CIP）数据

折中主义 / (比) 皮埃特·斯温伯格 (Piet Swimberghe) 著；(比) 简·维林德 (Jan Verlinde) 摄影；杨梓琼译 . —北京：科学技术文献出版社 , 2021.4

书名原文：Think Eclectic

ISBN 978-7-5189-7683-6

Ⅰ . ①折… Ⅱ . ①皮… ②简… ③杨… Ⅲ . ①室内装饰设计—作品集—世界—现代 Ⅳ . ① TU238.2

中国版本图书馆 CIP 数据核字 (2021) 第 038995 号

著作权合同登记号　图字：01-2021-0943

中文简体字版权专有权归北京紫图图书有限公司所有

© 2015, Lannoo Publishers. For the original edition.

Original title: Think Eclectic.

www.janverlinde.com

www.lannoo.com

© 2021, Beijing Zito Books Co., Ltd. For the Simplified Chinese edition

Current Chinese translation rights arranged through Divas International, Paris

巴黎迪法国际版权代理 (www.divas-books.com)

折中主义

策划编辑：王黛君　责任编辑：王黛君　宋嘉婧　责任校对：王瑞瑞　责任出版：张志平

出 版 者	科学技术文献出版社
地　　址	北京市复兴路 15 号　邮编 100038
编 务 部	（010）58882938，58882087（传真）
发 行 部	（010）58882868，58882870（传真）
邮 购 部	（010）58882873
官方网址	www.stdp.com.cn
发 行 者	科学技术文献出版社发行　全国各地新华书店经销
印 刷 者	艺堂印刷（天津）有限公司
版　　次	2021 年 4 月第 1 版　2021 年 4 月第 1 次印刷
开　　本	889×1194　1/16
字　　数	494 千
印　　张	13
书　　号	ISBN 978-7-5189-7683-6
定　　价	399.00 元

Eclectic Mix

折中主义·混搭

混搭不仅是一种被允许的行为，
同样也是一种势在必行的趋势。

Mixing is not only allowed, it is a must.

不要扔掉任何东西！这似乎成了现今一些现代主义风格室内设计师的新座右铭。而最近，扔掉一切看起来多余物品，包括纪念品或传家宝，成了一种时尚。要创造出一种有风格的室内装饰，你必须得从一张白纸的状态开始。任何和这种风格不匹配的事物都会被认为是一种超负荷。如今,我们已然得知这种流行趋势导致的结果：锋利尖锐、冷冰冰的室内装修。

而关于复古风的大肆宣传，无疑把混乱带进了一种洁净状态中。与其说是通过以流线型为主且坚固耐用的斯堪的纳维亚家具，不如说诸如佛纳塞迪（Fornasetti）、庞蒂（Ponti）等风格活泼轻快的意大利大师，让复古风更加流行。如今，我们又回到了这种开开心心把屋子里装满各种独特发现，相对折中的室内装饰状态。你只需要考虑这些物件对你的价值和意义，然后把它们和你喜欢的物品放在一起就行了。在车库甩卖、二手商店或旧货店发现的宝贝，也可以毫无顾忌地摆放在一件非常昂贵的设计师作品旁边。混搭不仅是一种被允许的行为，同样也是一种势在必行的趋势。银色和金色的重点元素也是这一趋势的一部分。比如，用不同的盘子装饰的桌子，或者在天花板上挂一盏黄铜吊灯。

在这本书中，你会发现色彩和巴洛克式的挂饰和绘画，能带来多么令人愉悦的惊喜。色彩和装饰品又流行起来了。只有在墙面装饰非常繁复的情况下，才会把墙面漆成白色。这本书里的很多装饰品都让人感到很强的亲密感。有些屋主会更喜欢深色的墙壁，以及光线柔和、不太刺眼的小房间。并不是每个人都梦想着巨大的飘窗，或者是和外部环境有一定重叠映衬的内部装饰。你也可以把房间隔开。隐私是很重要的，或许，身处在数码产品无孔不入并且正在挑战我们隐私的世界，把房间隔开也是一种不错的应对措施。书中提到，屋主们预测这一趋势将会进一步扩大，并且装饰物的内容变得更加丰富，甚至古董也将重新流行起来。当然不是过去那种陈旧到泛出棕色的室内装饰，而是将古董与现代气息融合在一起的风格。来自东方的古董地毯显得尤其时髦。再配上有粗糙感的墙壁和一张木桌。在这种装饰风格的潮流中，即使是外观有些陈旧、残破的物品也是有需求市场的。折中风格的室内装饰品不仅会用到艺术品，还会用到一些极具异国情调或者独特巧思的作品。四处望一望，你就可能看到一只鹦鹉或一盏菠萝灯。为了创造出一种轻松愉悦的氛围，你也可以给室内装饰加一些可有可无的小点缀。复古设计作品当然也属于这一趋势。不过，我们并不是指你在任何地方都能看到的那种老套乏味的物件。

为了这本书里的室内装饰，我们从阿姆斯特丹、布鲁塞尔一路来到巴黎，发现了一系列充满惊喜和多样性的设计作品。这本书向世人展示了当今充满了各种微妙变化的设计趋势。而且书里展示的所有室内环境都是有人居住的，它们并不是单纯被摆设出来、毫无人气的样板间。除此之外，其中大多数屋主要么是收藏家，要么是设计师。他们的存在，让这本书成为这个充满创造性的年代的真实写照。

Studio Boot

创意工作室

在丹博思市这座战前期的车库里，你会突然发现一间有着令人惊讶的建筑的现代工作室。开放空间被一个巨大的玻璃门的柜子隔开，这是一个由这间创意工作室的主人和设计师彼特·海恩·伊克共同创作的作品。可回收材料增强了工作室的休闲氛围。墙壁上还摆放了一些包括代尔夫特陶器在内的有趣的发现。在墙体背后，你会发现一个生活空间，其中包含了随时准备欢迎朋友的厨房兼餐厅。

这不是一个真正的珍宝阁。不过，这个建于1928年位于丹博思市的欧宝车库让人联想到好奇柜[1]，甚至让人想到这座建筑的一部分。当你走进门口纵横交错的十字路口，到处都是通透的透明窗户，你便可以看到更多景象。这里是埃德温·沃尔伯格（Edwin Vollebergh）和佩特拉·詹森斯（Petra Janssens）的生活和工作的空间，他们在这里创立了自己的绘画创意工作室。这个地方有着强烈的图形，这样的装饰风格散发出强烈的动感和活力。最引人注目的当然是房间中央的一面带有大大小小很多扇门窗的巨大墙体，这是他们与荷兰著名设计师彼特·海恩·伊克（Piet Hein Eek）共同建造的。丹博思市离埃因霍温非常近。埃因霍温是著名的设计学院所在地，佩特拉也曾经在那里执教过一段时间。在他们的朋友圈中，有许多设计师朋友在蒂尔堡、丹博思和埃因霍温等城市及其周边都有工作室。艺术与设计的结合，让该地区看起来像伦敦附近查尔斯顿的布鲁姆斯伯里团体的现代版本。大量的重大发现和明显的艺术性混乱创造了这样一种特殊的氛围——即使身处荷兰，也有一种完全不像荷兰的感觉。佩特拉和埃德温也喜欢各种发现和纪念品。他们最新购入的物品是黄金时代最大的大型衣柜之一，这是在一座著名城堡中发现的物件，并通过当地的一家拍卖行来到这里，这是多么令人兴奋的巧合。

---

1 译者注：文艺复兴时期，人们开始对收藏进行系统性的保护和研究，由此形成了现代意义上对博物馆的定义，并且诞生了博物馆最初的原型——好奇柜。

房子的中间有一个可爱的天井，你可以在那好好欣赏这座由车库改造而成的建筑。楼上还有更多不同风格的休息区，里面陈列着很多有趣、稍显俗气的物品，也有一些价格昂贵的复古物品。因为独特的风格和休闲的氛围，这座房子的室内装修非常值得一游。还有，千万不要错过这个隐藏在墙面上的有意思的厨房装置，餐厅的最后面是一个来自黄金时代的宏伟的陈列柜。

创意工作室

你可以立刻感觉到，这座房子的装修是屋主多年来不断寻宝、到处讨价还价的结果。能看得出来，主人花了很多时间来寻找原版的、不寻常的物品和家具。你会发现设计灵感来自荷兰风格派和 20 世纪 50 年代。大胆的材料、颜色和风格组合在一起，这些要素共同构成了这座房子的内部装饰。这里也很容易被认为是一个当代艺术展览。

THiNK 折中主义

Industrial Building

工业风建筑

THiNK 折中主义

阁楼能创造出的可能性总是令人感到惊奇。这座曾经是花卉苗圃的仓库，如今被分成了两个部分。你可以从克里斯托的工作室进入住宅，这个区域看起来仍然有很强的工业感，是一间墙面未经处理、用来存放各种材料与艺术品的仓库。这里是整座房子里最具艺术性的空间。来到工作室的后方，你会进入真正的住宅，它好像漂浮在一个浮筒上，表达了屋主对航海的热爱。

THiNK 折中主义

克里斯托热衷于收集老店面上的广告牌。这些牌子有很强的装饰性，它们现在被应用在很多室内装饰中。这类发现正慢慢地引发一种新的趋势。事实上，旧的和有点破败的东西又重新开始流行了。这也是对长期以来定下基调的那种一尘不染的建筑文化的一种反应。人们对铜锈的追捧也重新流行回来了。

这无疑是整本书里最极简主义的室内装修之一，不过这座房子有种非常明显的折中主义氛围。当然，这座房子华丽的外观来源于简单、功能性的架构。屋主用工业钢结构和混凝土地面扩建了这间原来的花圃仓库。除此之外，这个放有从码头里捞出来的浮筒的悬浮露台，给这个地方带来了一种航海般的气质。视觉艺术家克里斯托（Christo°）和太太莉芙（Lieve）都是狂热的航海爱好者。为了减轻整个结构的负担，花园一侧新建的部分被建在高台上。室内的装修是这对夫妇和室内设计师马克·汤恩（Marc Thoen）共同完成的。除了装修工作之外，马克还设计了这个黑色的厨房。屋主夫妇都是热情的收藏家，他们热爱中古、不寻常的物品，比如，旧的广告牌和信件。他们也是会定期背着背包周游世界的环球旅行者。这就解释了关于这所房屋的一些情况：它没有什么生活气息，有种冷淡感，并且用最少的手段来实现了完美的室内装饰。这种室内装饰同时也反映了屋主的流动性——这里绝不是他们永久的定居之处，这一点是毋庸置疑的。

THiNK 折中主义

我们可以从这里一眼看到爬满了常春藤的外墙，也能看出这座房子曾经的仓库建筑框架。曾经宽敞的大门如今仍然是这座房子的前门。你会立刻注意到，这座房子被分成了两个部分，前面是工作室，后面则是一个美丽的家。工作室里也陈列了一些克里斯托创作的雕塑。

Mahdavimania

马哈达维狂想曲

THiNK 折中主义

马哈达维狂想曲

这座房子的的确确有着剧院般的装修风格。马哈达维的装饰风格有一种超现实的感觉。入口旁的蓝色房间是一间接待室。房间里有很多马哈达维自己的设计和创造，比如，这张优雅的铁艺桌子，就是她从系列电影《不忠者》获取的灵感，桌腿象征着夜晚淑女们的腿。

法裔伊朗籍设计师玛里亚姆·马哈达维（Maryam Mahdavi）向我们展示了她在布鲁塞尔的新住所。马哈达维从小在伊朗长大，但这段成长经历似乎并不足以解释她为何如此喜爱巴洛克风格的室内装饰。对于马哈达维来说，房子就是要装饰得像剧院一样。虽然她从来没有在舞台上演出过，但她为很多知名的人物，比如，迪迪埃·卢铎（Didier Ludot），设计过秀场装饰。她也曾经在迪拜工作过一段时间。她的风格非常独特，而且相当超现实主义。有人给这种风格起了个恰到好处的名字——波希米亚嬉皮摇滚风。就连这只一进门就能看到的配有鞍套的母狮标本，也像是电影中会出现的画面。这只野兽将会把你带到蓝色的前厅：这是一间会客室，屋子里摆满了许多独特的物品，同时你的眼睛需要尽快适应这里昏暗的光线。"这间休息室让我想起20世纪50年代迪奥的秀场更衣室。"马哈达维解释道。这个房间里还摆放着她设计的桌子，桌子的轮廓很像电影《不忠者》（Les Infidèles）那张性感的海报，桌腿象征着海报上优雅的淑女。对于室内墙面这些非常冲击感官的色彩，她是从化妆品的细微差别中找到的灵感。她解释说："当我在处理墙面时，我并不是在刷墙。这么说吧，我是在打开粉盒，压实粉末，并在这种漂亮的墙面光泽上撒上了色彩。"

THiNK 折中主义

虽然装修得非常富丽堂皇，不过从 20 世纪初到现在，这座建筑和原始装饰并没有发生太大的变化。从前厅望去，目光所及是后屋里摆着几把铁艺椅的美丽画面。我们还可以看到，楼梯下还有一张艾洛·阿尼奥（Eero Aarnio）设计的蛋椅，给整个空间锦上添花。这可以算是一个绝妙的藏身之处。

这场视觉盛宴似乎永无止境：在门后，你会看到一只母狮的标本。厨房装饰得很隆重华丽，以便于进行亲密的面对面交谈。比起巴洛克风格来，这种室内装饰风格给人的感觉会更加偏向超现实主义，也更有东方风情。

马哈达维狂想曲

Dolce Italia

温柔的意大利

这座房子的主人从事巴洛克风格珠宝的制作，她会重复使用古董珠宝。房子里的室内装饰和她的作品之间的联系非常有意思。阿克塞尔·德尔海对昂贵材料和华丽流线形外形的喜爱是显而易见的，由著名的比利时建筑师马克·科比奥设计的基础结构强大而纯粹。这种对比之下，房间里的装修风格非常活泼有趣，而且看起来像一个电影场景。

珠宝设计师阿克塞尔·德尔海（Axelle Delhaye）承认，她的确有倾向于把巴洛克风味融入她的设计和创作中，她的室内装修也有很多类似的迹象。不过，她的室内装修风格并不是巴洛克风格，房间里这些由昂贵材料构成的优雅的家具和装饰品，给整个家里带来了温暖的地中海风情。整个空间的比例和结构，由著名的建筑师马克·科比奥（Marc Corbiau）于2012年设计；还有建筑中这些精美的设计，大部分都是古董设计商让-克劳德·杰奎马特（Jean-Claude Jacquemart）设计的，所有这些都让我们联想起二十世纪五六十和七十年代的意大利电影场景。的确，塞萨尔·拉卡（Cesare Lacca）、弗雷德里科·穆纳里（Frederico Munari）、奥萨瓦尔多·博萨尼（Osvaldo Borsani）、吉奥·庞蒂（Gio Ponti）和安杰罗·曼贾罗蒂（Angelo Mangiarotti）等人设计的家具摆放在这里非常合适。在珠宝方面，阿克塞尔·德尔海会重复使用一些维多利亚时代的古董首饰，这显示出了她对折中风格的热情。她非常喜欢昂贵的材料，而且不喜欢那种所有事物都搭配得天衣无缝的室内装饰风格。阿克塞尔认为过度的和谐没有吸引力。因此，她将复古与艺术相结合，将旧与新相结合。她自然地解释道，理想情况下，内部应该是永恒的，尽管并非缺乏风格，并且源于当今以外的时代。毫无疑问，这座房子就是一个活生生的例子。

THiNK 折中主义

温柔的意大利

这里是寻找浓缩的意大利风情和庞蒂风格座椅的最好去处。这些椅腿看起来像是穿着高跟鞋的优雅女士。这些拼花地板是对"咆哮的 20 年代"风格的又一致敬。这种风格曾经让布鲁塞尔成了一座现代风的城市。你可以在房间的休息区欣赏到家具、艺术品和装饰品的精致搭配。

THiNK 折中主义

Eccentricities

光怪陆离

"你知道这片区域曾经非常靠近海岸吗？当然，那已经是很久以前的事了。事实上，你可以在附近的田野里发现数不清的贝壳。不仅如此，通往罗马的道路就在外面"，让-菲利普·德梅尔（Jean-Philippe Demeyer）富有感情地解释道。菲利普热爱历史，并且因家乡布鲁日城市里的老建筑被拆除而感到失望。他的室内设计的现代风格与大卫·希克斯（David Hicks）的传统有些一致。菲利普的室内装修看起来像是电影里的场景。事实上，他从盎格鲁-撒克逊文化中汲取了很多灵感。英国人有种能把新旧事物结合起来的独特能力，他们会选择新东西，同时也绝对不会像其他欧洲人那样把旧东西扔掉。菲利普深知这一点。多年来，他一直在尝试一种有着很多奇怪的古董的折中风格。现在，他的室内装修展示了现代艺术和四处搜集来的各种古董装饰品。菲利普说，这里的东西都是真品。如果你各种东西都喜欢一点点，那最终的结果就会自然而然地呈现出折中主义风格了。菲利普不喜欢那种单一风格的室内装修，更喜欢那种把所有物品集合成一个整体的风格。在这个离布鲁日仅一箭之地，叫作鲁根领地的地方，坐落着一座中世纪的古老乡村别墅，这里就是他的"实验室"。他解释说："我这里当成是一个工作室，我将所有东西随意散布在周围，每样物品都会找到适合自己的位置。"每个空间都有一个主题。对于菲利普来说，这间夏日休息室就像是一首对碧姬·芭铎（Brigitte Bardot）在圣特罗佩市的著名住宅——拉马阁的颂歌。

英国室内设计师大卫·希克斯可能会很喜欢这座房子的装饰。一个没有历史渊源的当代设计师是无法想象如此丰富多彩的室内设计的。让-菲利普·德梅尔最初是一名古董商，为了提高他对古怪内饰的品位，他在英国旅居过好几年。他用一种幽默的方式将过去和现在融合在一起。这种室内装修让我们想起20世纪30年代末巴黎和伦敦那些超现实主义装饰。当年杰出的艺术家菲利普·朱利昂（Philippe Jullian）将这些建筑画在了纸上，让这些房子某种意义上实现了永垂不朽。

THiNK 折中主义

我们正在从一种气氛过渡到另一种气氛。在这里，
你会发现你正身处于一间英式乡村住宅中。第45
页的画面看起来像一间巴洛克风格的柑橘温室，而
第47页的画面将会把我们带入到碧姬·芭铎在圣
特罗佩市的著名别墅——拉马阁之中。就连毕加索
的画作也出现在了这间地中海风情的花园房间里。
让 - 菲利普·德梅尔对运用稀奇古怪的物品非常有
天赋，而且是一位非常足智多谋的设计师。

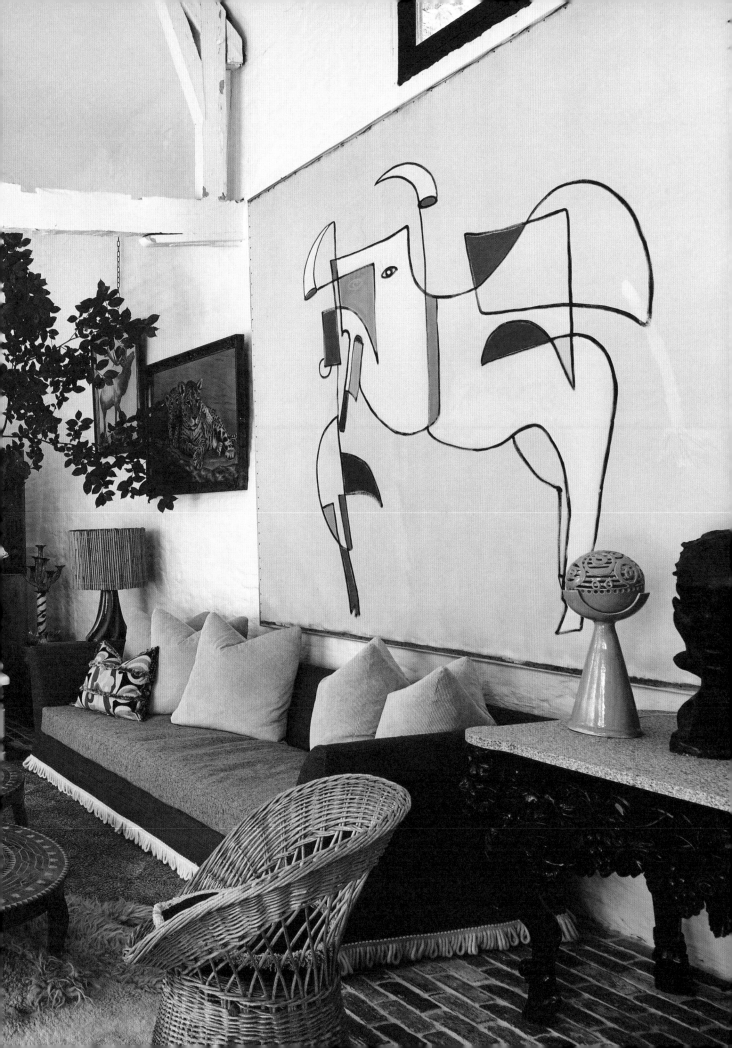

THE COLLECTOR

收藏家

Sculptures

雕塑

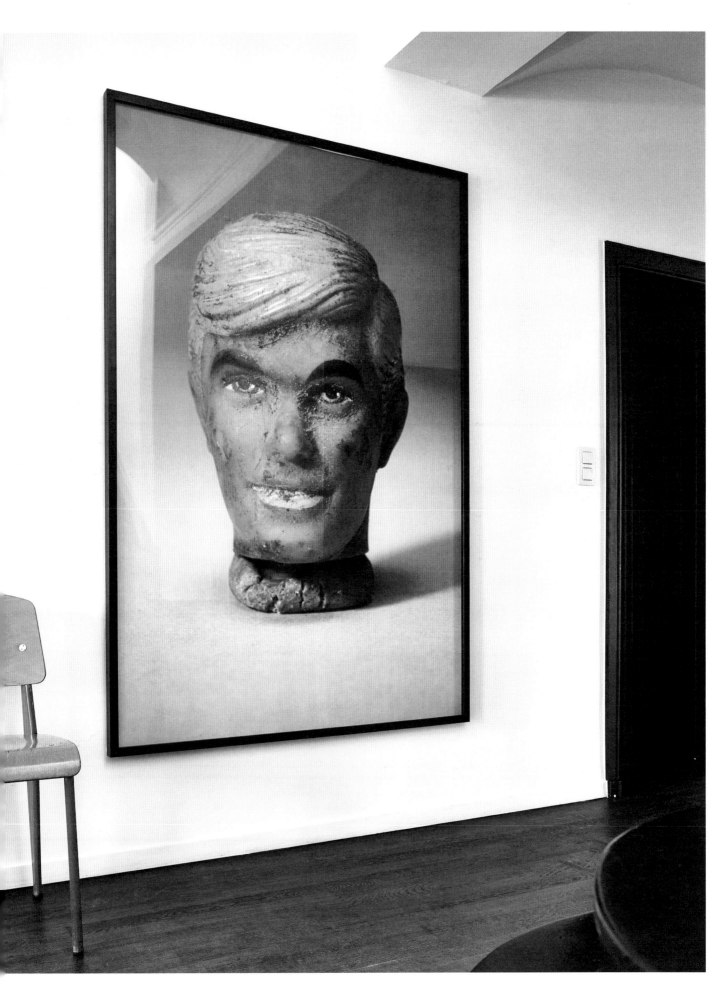

单从建筑层面来说，这座房子相当特别。看看这些出现在房子各处的穹顶和拱形设计。对于建筑师奥利维尔·德韦克来说，这座房子有点类似街道和广场的形状，德韦克在其中放置了纪念性雕塑，不断地调整缩放比例则提供了额外的视觉乐趣。从孩提时代起，德韦克就开始收集艺术品，并且拥有一些久负盛名的艺术家的作品，比如，保罗·麦卡锡、托马斯·豪斯雅戈（Thomas Houseago）、吉尔伯特（Gilbert）和乔治（George）、斯特林·鲁比（Sterling Ruby）等人的作品。

当你进入这座房子时，你不会立刻察觉你是在一间建筑师的住宅里。除此之外，房子的主人奥利维尔·德韦克（Olivier Dwek）用一种源自荷兰风格派和包豪斯现代主义的非常流畅、有说服力的风格建造了这座房屋。巨大的白色空间和平坦的屋顶交相呼应，在某种程度上，他把住宅塑造成了一座雕塑。他不愿承认的是，这种对雕塑的吸引力也是他作为收藏家的灵感来源所在。尽管如此，这座由布鲁塞尔的建筑师于1935年设计的老建筑，至今依然能让他有所触动。毫无疑问，装饰艺术的风潮也装饰了这座房子，不过房子里还带了一些东方韵味。看看这些穹顶般的天花板，它们相当不同寻常，而且非常宏伟壮丽，虽然这并不是奥利维尔·德韦克的风格。他的艺术品和设计品收藏也全部都在这里。从年轻时起，他就开始收藏带有雕塑风格的艺术品。这些让·普鲁维（Jean Prouvé）、保罗·克耶霍尔姆（Poul Kjaerholm）和中岛乔治（George Nakashima）设计的家具，显示出了德韦克的审美偏好。事实上，德韦克把这些家具当作雕塑摆放在家里。巨幅画作，比如，这张美国艺术家保罗·麦卡锡（Paul McCarthy）创作的绘画作品，同时也分隔了空间。这让它们成了这座建筑的一部分，有点像在街道和广场上有同样效果的纪念性雕塑。这一设计让我们能够直面这座建筑，也是奥利维尔·德韦克早年间最爱的设计手法——透视。这也是一种和他一同走过这个空间，并且从不同的角度欣赏一切的体验。

德韦克还是一名建筑师和艺术家设计作品的爱好者。因此，你在这座房子里将看到皮埃尔·让纳雷（Pierre Jeanneret）为昌迪加尔设计的家具，还有保罗·克耶霍尔姆、安恩·雅各布森（Arne Jacobsen）、让·普鲁维、阿多·查勒（Ado Chale）、中岛乔治等人设计的作品。因为许多家具在结构上与这座建筑物相似，他还让家具与建筑直接联系起来。德韦克是一位折中主义风格的收藏家，他家里的室内装饰也布置得像一座博物馆。

雕塑

花园一侧的房间实际上是一个餐厅，也是一个广场，里面摆放着保罗·麦卡锡的纪念性雕塑。皮埃尔·让纳雷设计的家具后面，悬挂着一张斯特林·鲁比创作的令人印象深刻的画作。桌子上摆放着丹麦艺术家本特·斯科特加德（Bente Skjottgaard）制作的陶瓷艺术品。

菲利普·斯塔克和埃托·索特萨斯事务所

Art & Design

艺术与设计

对于让 - 克劳德 · 杰奎马特来说，艺术和设计之间的区别几乎不明显，尤其是在他自己的房子里，两者之间的融合非常强烈。他认为有些灯具可以算是一座雕塑。大部分艺术品，比如，卧室里保罗 · 谢奇（Paolo Scheggi）的画作（见第 59 页），从来没有在他的画廊里展出过。他的顶层公寓有一个开放式结构，同时带有一个私密的角落，这里像是一个有着保罗 · 德加尼罗（Paolo Deganello）的雕塑的图书馆，里面摆放的雕塑甚至比家具还多。

不管是在巴黎、伦敦还是阿姆斯特丹，你肯定会碰到一个知道让-克劳德 · 杰奎马特（Jean-Claude Jacquemart）古董商店的人，这家商店就在伊克塞尔的维克多 · 奥尔塔博物馆正对面。它不是一个华丽的室内设计工作室，而是一个小画廊。多年来，这里展示古董、现代艺术品和中古设计的独特组合。在纽约或者伦敦，像这样的商店通常不太容易找到，因为在这样的城市里，古董商通常只接待预约客人。而在这里，你可以简单直接地走进店里。让-克劳德的公寓同样也装满了各种独特的发现。在过去的几年间，让-克劳德一直住在一栋修建于20世纪70年代的建筑的顶楼。而且因为他每周都能抢购到新品，房子里的装潢会经常发生变化。自然，有些装饰品和家具被保留了下来，比如，这个路易十五时期的抽屉柜，这是克劳德家族的传家宝，还有这盏20世纪50年代的意大利设计款吊灯。公寓是一个半开放的空间，有一个夹层可以通向睡眠区。墙上到处摆放着艺术品和装满读物和装饰品的书架，甚至连浴缸上方都悬挂着一张挂画。这些作品来自不同的艺术家，包括：博雷克 · 西派克（Borek Sipek）、布列 · 凡 · 威尔得（Bram van Velde）、菲利普 · 斯塔克（Philippe Starck）、埃托 · 索特萨斯（Ettore Sottsass）及野口勇（Noguchi）。让 · 克劳德解释道："对我来说，室内装修不应该过于'资产阶级'。我喜欢有乐趣、幽默活泼的现代风味，一些艺术上的冷漠、形状怪异的疯狂吊灯，以及充满惊喜的艺术品。"

让 - 克劳德一直保留着他那张荷兰产的办公桌，事实上，他预测室内装饰的潮流还会回归到古董上，虽然会和某些特定的设计混合在一起。桌子旁边的椅子是博雷克·西派克设计的；桌子上的那个蓝色雕塑是菲利普·斯塔克的作品。房间里到处都可以看到 20 世纪 50 年代华丽的意大利灯具，墙上挂着无数的油画。

THiNK 折中主义

并不是所有的东西都是大牌的。"好奇的游客还会
在其中发现一些形状有趣的不知名作品",让 - 克
劳德说道。卧室里的椅子就是其中之一,这是一件
来自丹麦的工艺品。让 - 克劳德喜欢拥挤忙乱的室
内环境,尽管每件物品都被分配到了为其精心挑选
的位置。为了营造平静的气氛,所有的墙壁和天花
板都被漆成了白色。

艺术冒险

Film Decor

电影导演

莱昂内尔·贾多特可以说是比利时的局外人。他的室内装饰风格和艺术创作显示了他真实的本性。他的室内装修风格是完全折中和发自天性的，这也是反映他内心和灵魂的一面镜子。和其他室内装饰相反，这栋房子里所有任何物品都没有固定的位置。这座房子是一座旧城堡的一部分，处在大自然的包围之中。这座建筑的内部装修，完全是莱昂内尔用手工建造的。莱昂内尔还曾经在电影院工作过，并受到了很多电影装饰的启发。

莱昂内尔·贾多特（Lionel Jadot）是一位风格非常奇异、古怪的室内设计师，不过他还因导演了多部电影闻名于世。现在，他展现了自己作为视觉艺术家的一面。他那生机勃勃、充满活力的才华完全植根于他的内心。他和家人们一起居住在特尔菲伦市的一座旧城堡的外屋里。他的家里看起来就像真正的电影场景，每个角落都散发着不同的氛围。莱昂内尔·贾多特是一名优秀的折中主义者。他在家庭作坊里长大，那里生产制作出了各种风格的漂亮家具。从年轻时候起，莱昂内尔就成了一名收藏家。他非常喜欢各种风格和各个不同时期的艺术品。他将艺术史看作是一个遗址宝藏，收藏家可以从中发现各个世纪的历史和各种文化的不同层次。不过，关键还是在于混搭和神秘感。在这座位于大公园中的大房子里，他成功地创造出了一种令人惊喜的、富有神秘感的室内环境。莱昂内尔的设计工作让他世界各地到处跑，走到了欧洲甚至更远的地方。他的旅程让他能够留下各种各样的印象；然后，他将这些印象改造加工，使其转化为真正富丽堂皇的装饰，而且他并不害怕使用戏剧性的装饰元素。莱昂内尔喜欢指出，布鲁塞尔很有可能成为欧洲最具折中主义特色的城市，每条街道上都有各种各样的风格。这种多样性甚至产生了一种和谐：有时是非常经典的，但仍然是超现实主义的。

这是一栋巴洛克风格的乡间别墅，到处充满了奢华
的情调。比如，莱昂内尔在极具东方风格的佛龛式
柜子上进行了艺术上的改造。房间里的一切都是原
创的，包括被用来当作窗帘的和服。莱昂内尔喜欢
有个性、结实的家具，并且像过去摩尔人那样，他
在房子里的所有地方都设置了休息区。

电影导演

THiNK 折中主义

莱昂内尔还在没有运用工具的情况下完成了雕塑感
设计。在他的家里，你可以看到设计成漂浮雕塑的
不同寻常的灯具。他还将街道的色彩融入自己的家
中。在这里，你可以看到一个当代商业街的展示
台，莱昂内尔将其浓缩成了一个有着街头艺术和涂
鸦的私人艺术室。

THiNK 折中主义

Multicultural

多元文化

在房子的每一个角落，你都可以看到雅克·杜瓦尔的抽象画。这些画作不仅仅是参照标准，同时也在以某种方式展现室内装饰的特点。这座房子的住户是狂热的收藏家，他们热爱中东和远东地区的古董，他们不仅欣赏那里的饰品，还热爱那里的色彩。这些与他们的视觉作品也有着直接的联系。在这里，您可以看到马尔登·范·塞夫恩设计的桌子被他们当作书桌使用，紧靠桌子的是密斯·凡·德·罗（Mies van der Rohe）设计的两把管状古董椅子。

当科恩拉德·乌伊滕达勒（Koenraad Uyttendaele）和杰奎琳·德蒙德（Jacqueline Dehond ）在学生时代遇到设计师马尔登·范·塞夫恩（Maarten van Severen），他们获得了马尔登设计的桌子的原形。那段时间，他们还会用一些当时很容易找到的包豪斯风格的作品来丰富他们的室内装饰。一开始，他们感受到了几何抽象的形状概念的强大吸引力。这最终让两人共同完成了一个艺术项目——他们以雅克·杜瓦尔（Jacqy duVal）的名义，创作了一些色彩微妙的纪念性绘画作品。他们的抽象绘画作品在室内随处可见，创造了一个非常独特的色彩组合。每个房间都有不同的色调。建筑内部有很多昏暗但通风良好的空间，里面布满了或朴素或繁复的各种家具。他们俩都来自有收藏艺术品和古董传统的家庭。这也解释了为什么这些日本版画、中国瓷器、摩尔陶瓷、东方地毯和黎凡特家具会出现在房间里。可以看到，他们明显偏爱东方特质的装饰。这种共生的结果，最终形成了一个充满抽象绘画和各种古董的独特室内环境，这些物品以一种现代的方式被结合在了一起。他们把自己宽敞的住所看作是一个工作室，在那里他们可以试验颜色、形状和物体的陈列。房间里的布局也并不是完全一成不变的，每隔几个月，物品的摆放格局就会发生变化。

多元文化

THiNK 折中主义

多元文化

这座房子的建筑特点很不寻常，摩尔式的拱门和木
制楼梯很可能属于一座古老的乡间别墅。几乎所有
房间都有不同的色调，餐厅被粉刷成了蓝色，与彼
德麦式橱柜搭配相得益彰。房间里到处是美丽的
东方地毯，有着神秘的图案；餐厅的壁炉架上装饰
着古老的西班牙摩尔式瓷砖。

87

这是一栋巨大的建筑，里面有几间18世纪风格的卧室。其中一个卧室的床被安放在一个壁龛里，两侧有两扇通往前厅的门。客房里摆满了来自东方的古董；被粉刷成了近似黑色的色调，看上去很神秘，就像是当代的拿破仑三世风格。房间里的几件精致优美的设计款家具，营造出一种迷人的对比感。墙边摆放着一把大马士革的弧形座椅，上面装饰着珍珠母。

Apartment

公寓

THiNK 折中主义

阿姆斯特丹室内设计师三明，在居住的城市发展的黄金时期建造了无数华丽的巴洛克式室内装饰。顺便说一句，其中的许多装饰都被保留了下来。尽管他不喜欢荷兰式的严肃冷静，然而他的东方背景却使他对荷兰风格派的锐利更加敏感，他的室内装饰风格有着巴洛克风格，并有使用大量黑白图案的折中主义色彩。在三明的住所里，平衡是关键点。每个表面或体积都有一个明确的位置。他每年都要重新装修这间公寓，并且会用新的艺术品来完成他的收藏。

通常情况下，一间房子的室内装饰风格能够通过多种不同的方式实现折中主义风格。在今天的荷兰，你会立刻察觉到，设计师们又恢复了他们在黄金时代的威严。有些人开始试图复现17世纪黄金时代的装饰风格，而且珍宝柜文化在如今的低地国家依然非常流行。不过，阿姆斯特丹的设计师三明（San Ming）却走了一条和众人不同的道路，他至今深受荷兰风格派的时尚造型和色彩实验的启发——荷兰风格派运动是在20世纪初盛行的前卫运动。然而，他的室内装修从来没有呈现出真正的井然有序状态，包豪斯主义的纯粹理性似乎在他身上消失了。三明大约每年都要重新装修一次他在阿姆斯特丹南部的公寓。多年来，他一直以极大的热情和信念做着这件事。他把轻松的设计和艺术结合在一起。当然，他的风格中隐藏着一种东方的气质。此外，他的室内装饰是一种充满诗意的静物的复杂组合。尽管这样的描述可能听起来比实物更甜蜜，但它实际会让你说不出话来。其他人所定义的死板僵硬，或者现代时髦的事物，也是他多年来一直觉得乏味的东西。三明还会直言不讳地告诉你，虽然他不回避使用装饰，但他不是一个装饰品的爱好者。尽管如此，他还是完全靠自己完成了自己房子的内部装饰。自然了，当他翻修别人的房子、酒店或餐馆时，他并不会这样做。

THiNK 折中主义

THiNK 折中主义

More Than Just A House

不只是房子

不只是房子

许多正在探索布鲁塞尔的法国人不仅被这座宜人城市的规模吸引，同时也被众多的联排别墅吸引。伊莎贝尔和让·查尔斯是这座城市的狂热爱好者。他们现在住在郊区的一栋大房子里。这栋房子的历史可以追溯到 20 世纪初，设有数个休息室和令人印象深刻的入户大厅。在那里，他们可以展示自己的大量藏品。他们在摩洛哥生活了很长时间，在那里建造了许多房屋和酒店，并设计了一些花园。今天，他们的家成了邀请收藏家前来观赏的画廊。

有时候，你不必去巴黎就可以找到现代法国室内风格的美丽范例。如今，生活在伦敦或布鲁塞尔的许多法国人就足以确保法国的生活艺术在法国以外的地方得到适当的展示。在伦敦，高层建筑非常罕见，这一点和巴黎的城市中心一模一样。这也是为什么法国人喜欢布鲁塞尔宽敞大方的豪宅的原因。在那里，他们可以充分表达自己的风格。不过，这座房子还有一些法式之外的风格。屋主伊莎贝尔（Isabelle）和让-查尔斯·马泽特（Jean-Charles Mazet）曾经在摩洛哥生活了几年。在那里，他们在索维拉翻新了一个摩洛哥回字形传统住宅。因此，他们的室内装饰风格自然是"法国式"的，但又带有一丝地中海风情。这是一种自由且热情洋溢的混搭。在搬到摩洛哥之前，他们在巴黎著名的跳蚤市场做生意，售卖各种战前和战后的古董。现在，他们在布鲁塞尔感到宾至如归，而且他们的风格也变得更加折中了。他们在宽敞的房子里，欢迎着各路收藏家来参观，并且会组织各种展览。他们也会接一些翻修旧建筑、设计商店、组织聚会的项目。让-查尔斯也是个小有名气的景观设计师。简而言之，对于他们来说，室内装饰是一个充满回忆的整体艺术作品。他们的公司叫"不只是房子"，和这座房子完美匹配。

THiNK 折中主义

不只是房子

这座房子将不同时期、风格的各种复古设计与艺术品相结合，通过这一点可以很容易辨认其室内装饰的折中主义风格。房间里甚至摆放着部分结合了美国和斯堪的纳维亚风格的巴西设计作品。家中到处都充满了装饰的发现，结果呈现出惊人的色彩丰富、温暖和艺术感。这说明，为应对过去几年间流行的那种简朴、沉闷的设计风格，轻松装饰的趋势开始逐渐流行起来。

THiNK 折中主义

Pop-Art Revisited

波普艺术再现

你会发现整个家里的色彩触感都是对安德烈·普特曼和蒙德里安（Mondrian）的致敬。这是一间餐厅，厨房在后面。餐厅在临近街边的一侧，它的设计像一个黑暗的折叠屏幕，与外界没有任何接触：这表明房间的女主人享受她的隐私。卡洛琳·诺特同时也是街头艺术的狂热爱好者，房间里有很多这方面的例证，包括餐厅门后丹尼斯·迈尔斯的作品《头》，还有卧室墙上塔蒂安娜·埃克尔创作的涂鸦。

布鲁塞尔建筑师卡洛琳·诺特（Caroline Notté）的最新临时住所恰好反映了多种风格的混合。她还喜欢街头艺术和蒙德里安绘制的几何图案。诺特在很久以前就超越了2000年的极简主义，甚至发现了一些复古炒作的"古董商业街"。不过，她现在的家里也有一些中古家具，尽管你很难注意到。她的内部装饰风格散发着自己独特的活力。她每隔几年就搬一次家，而且会重新布置一切，这也给人留下了这样独特的印象。这个家非常紧凑和私密。事实上，他们喜欢谨慎行事，这种小心翼翼保护的感觉体现在前厅，那里是这座房子的厨房和餐厅。卡洛琳·诺特丰富多彩的风格组合早在几年前就已经走在了时代的前列，她自然而然地混合了不同的色调、材料和艺术作品，她的大多数设计都有雕塑的特点。诺特是一个活跃的建筑师，她也经常会设计室内装饰；她同时也是一名著名的艺术摄影师，在布鲁塞尔广告与设计艺术学院任教；她还设计了名为"Smart Tong"系列的登山帆布鞋。她对图形结构的偏爱是贯穿她所有艺术创造活动的共同主题。例如，厨房橱柜上的黑白图案，那是她对最崇拜的设计师——安德烈·普特曼（Andrée Putman）的一种致敬。浴室的瓷砖以蒙德里安的图案排列。在卧室里，涂鸦艺术家塔蒂安娜·埃克尔（Tatiana Eckel）在墙上画了一只大鸟，她也是一名幽默波普艺术的爱好者。

THiNK 折中主义

卡洛琳·诺特身兼数职，涉猎广泛，她是建筑师、室内设计师、摄影艺术家，同时也是艺术学院的教授，她还与艺术家和画廊保持着密切的联系。不过她的家确实出人意料地私密和紧凑。休息区里挂着一张保罗·克里玛库斯卡（Paulo Climachauska）绘制的建筑平面图。我们可以从这里进入卧室和衣帽间。

THiNK 折中主义

Paris

巴黎

折中的风格主要表现在处理内部墙壁的方式上，光秃秃的墙已经过时了。这一点在这间巴黎卢森堡公园地区的公寓中表现得最为明显，那里的游客会立即被所有要发现的东西吸引。这增加了人们对空间的感知，也强调了屋主的故事，他们最近建立了一个活跃于全球的数码摄影平台。

在这间可以俯瞰巴黎卢森堡公园的公寓里，你可以欣赏到美丽的风景和柔和的光线，也会喜欢这里的空间、比例、装饰和非常棒的气氛。然而，气氛可能是其中最重要的。屋主瓦莱丽·赫斯列文（Valerie Hersleven）和蒂埃里·梅利特（Thierry Maillet）都出人意料地活跃，不断地忙着新的创新项目。蒂埃里作为新媒体和传播方面的专家，在法国和国际上教授和出版相关领域的书籍。瓦莱丽则在布鲁塞尔、伦敦和巴黎经营着摄影公司。现在，他们一起创立了Ooshot，一个国际性的专业摄影师数字平台。这显示了他们高度变化的工作方式。不过你可能会问，这和他们的室内装修有什么关系呢？有很大关系，因为房间里的装饰会随着他们生活状态的改变而改变。不久前，这里还是比较复古的状态。而现在，他们在室内增加了一些巴洛克风格的元素，彻底更新了这个空间。在没有考虑太多的情况下，他们创造了一个虽然不时髦，但是真正现代的室内环境。这是一个非常私人的住所，所有的物品都是罕见的发现，没有一样东西是直接从商店买来的。与此同时，他们的公寓已经逐渐变成一个宁静的地方。在这里，他们可以在繁忙的生活中放松，这直接解释了房子里亲密的氛围。

巴黎仍然是一个文化交汇的中心，这一点在房间里
的装修中也表现得很明显。盎格鲁‐撒克逊文化对
房间装饰的影响是显而易见的。瓦莱丽‧赫斯列文
来自比利时安特卫普，一个在时尚、艺术和设计方
面享有国际声誉的城市，多年前关于中古的炒作风
潮也正是在这里出现的。屋主的比利时血统也体现
在了房间里新旧，巴洛克和尖锐的轻松结合中。

巴黎

这是一个奥斯曼风格的大公寓，有许多房间、纵向
的过道和走廊，提供了美妙的视角。在这里，入口
大厅通向客厅和图书室。墙上挂着无数的照片，还
有来自斯堪的纳维亚半岛的古董。

Countryside

在乡下

THiNK 折中主义

这座房子最近进行了一次有趣的装修改造，令乡村元素和中古家具不寻常地结合在一起。亨利-查尔斯和娜塔莎曾做过多年古董经销商。这栋乡间房子过去看起来更简陋朴素，亨利和娜塔莎基本保留了这种风格。旧房门、壁炉台和地板营造了一个放松的环境，色彩和设计感得到了提升。

乡村的复古风格和巴洛克风格的结合并不能代表什么。对于屋主亨利-查尔斯（Henri-Charles）和娜塔莎·赫尔曼（Natasha Hermans）来说，这是他们个人进化的必然结果。他们以前是古董商，后来他们把古董和中古家具混在一起售卖。他们在利尔市附近的布豪特乡下的房产，经过过去几年的发展，风格却没有发生明显变化。房子的装饰非常宜居，营造出了一种愉快的气氛。他们的家居风格和多面体一样多面，他们还以这个空间的形状将他们的公司命名为Polyedre。亨利-查尔斯经常会在全国和世界范围内旅行，以寻找独特的古董和中古物品。他的旅行对这座房子里的一切都有影响。这个家热爱一切能够展示手工工艺的东西，这一点是很重要的。他们喜欢旧地板、漂亮的庭院和粉刷过的墙壁。这可能与亨利-查尔斯曾经与比利时著名的艺术品经销商阿克塞尔·韦沃特（Axel Vervoordt）合作过有关。由高贵材料制成的物品被使用得越多，这座房子就变得越漂亮：一盏意大利的铜灯或一件朱尔斯·韦伯斯（Jules Wabbes）设计的家具，通过新与旧、圆滑与粗犷、手工与工业的结合，创造了当代的张力。

他们混合潮流的趋势一直在发展：他们把办公室的墙壁漆成几何图案，与朱尔斯·韦伯斯的家具完美匹配。这不仅仅是新旧的简单结合，同时还是工业造型与传统装饰技术的结合。

THiNK 折中主义

这个家保持着乡村的氛围和风格，粉刷过的墙壁和20世纪50年代的藤制家具就是一个明显的迹象。厨房里，大的木制餐桌也依然还在。用粗糙木板做的家具和皮埃尔·加里切（Pierre Guariche）设计的座椅都很时髦。

Minerva

密涅瓦汽车

THiNK 折中主义

138   密涅瓦汽车

这座战前的房子非常令人惊喜。最初，它是一间位于一辆昂贵的跑车的车库之上的狭小公寓。室内建筑师琳娜重新设计了这个空间，并有了一个惊人的想法：她创造了一个几米高的小客厅。从老旧的螺旋楼梯上，你可以看到整个生活空间的全景，屋顶小花园则提供了一些额外的光线。

这座房子也有着独特的历史。20世纪20年代，安特卫普的珠宝商雷蒙德·鲁伊斯（Raymond Ruys）购买了这座建筑，将其作为他那辆优雅的密涅瓦汽车的车库。在车库上方，他为他的司机建了一套公寓。室内设计师琳娜·范·卢克（Lene van Look）改造的正是这间公寓。她把后面的建筑扩展成一个巨大的立方体，并且接入了非自然光源，那里就是她的起居室，屋顶上还有一个美丽的花园。琳娜重复使用了旧的硬木地板和古董玻璃，并用这些玻璃来手工制作窗户。因为房子里很大一部分是木制品，所以她的装修有一部分是乡村风格。不过，镜子和许多独特的发现赋予了这座房子一种折中主义风格。琳娜从事装修房屋工作，她还为国际知名时装设计师德赖斯·范·诺顿（Dries van Noten）设计了服装商店漂亮的室内装饰。这次装修自然也激发了她的灵感。她家的温暖风格令人着迷，不寻常且有些复杂的结构还带来了视觉上的惊喜，比如，厨房和客厅之间的露台。这个屋顶花园是由阿尔奇·维德（Archi-Verde）和罗纳德·范·德·希尔斯特（Ronald van der Hilst）分几个阶段建成的，是城市中的一个绿色冥想圣地。

THiNK 折中主义

琳娜喜欢基本的乡村风格。地板上铺着摩洛哥古董
地毯；餐桌则是一件传家宝，周围摆放着老式的学
校椅。楼上有一个小小的工作区，里面有一个塞
斯·布拉克曼（Cees Braakman）设计的精致的
素色橱柜。阳光为走廊增添了一些色彩，你可以从
那看到卧室的内部。

THiNK 折中主义

密涅瓦汽车

卧室和浴室里有两把相同的 20 世纪 50 年代的花
园椅。房中到处都有钢窗和古董玻璃，它们的图形
线条和比例都很完美。这间房子的室内装饰散发出
如宁静的气息，这是一种住在城市中很难享受到的
好处！

Ampersand House

"&" 之屋

这座房子来自澳大利亚的屋主，曾经在美国和英国居住过，后来在布鲁塞尔购买了这栋建于1875年的豪华宅邸，并对其进行了轻微翻修。许多古老的室内元素被保留了下来。墙壁上的颜色使一切看起来都清新了，并为他们不同寻常的复古收藏品提供了理想的背景：他们展出了许多不为公众熟知的独家设计师的作品。

这座建筑的屋主来自澳大利亚，当他们选择用"&"符号作为艺术和设计画廊的标志时，他们显然知道，风格、色彩和物品的混合元素是现代居住文化的主题。凯瑟琳·史密斯（Kathryn Smith）和她的搭档艾克·乌德库（Ike Udechuku）在某种程度上已经走在了时代的前面。几年前，他们选择定居在布鲁塞尔，这是他们继纽约和伦敦之后的一个住处。同时，作为收藏家而不是装饰家，他们还引进了盎格鲁-撒克逊风格的装饰。最近，他们重新装修了这栋建于1875年的联排别墅，保留了其中许多古老的装饰元素，包括厨房里新文艺复兴时期的镶板。每隔一段时间，他们会为一个将艺术与不同寻常的设计相结合的展览敞开大门。现在，他们是瑞典复兴家具的爱好者，这种家具是20世纪40年代和50年代的新古典主义家具，并引领了这一时期之后的瑞典设计风格。这些家具非常精致，而且你很少能够在别处见到。它们与这座布鲁塞尔联排别墅非常契合，高高的天花板上覆盖着灰泥和大理石壁炉。简而言之，"&"非常适合用来描述这座建筑，因为它将许多令人兴奋的元素完美地融合在了一起。"对我们来说，布鲁塞尔的确是个惊喜"，凯瑟琳说道："因为这里的建筑和文化，我们还发现了许多设计师，比如，娜塔莉·德威兹（Nathalie Dewez）、贝诺·德纽夫堡（Benoît Deneufbourg）、丹尼·文莱特（Danny Venlet），我们同样也在展出他们的作品。将当代艺术和设计与老房子的结构及我们的复古设计系列相结合，效果非常好。为了彻底打破这种老旧的氛围，我们干脆住在了这里，画廊就是我们的家，我们都觉得这很令人兴奋。"

"&"之屋

THiNK 折中主义

这所房子有一个宽敞的起居区，天花板很高，光线很柔和，这里是屋中所有北方设计理想的展示空间。在这些设计作品中，有一件大卫·罗森（David Rosen）的餐具柜，风格借鉴了北欧装饰艺术风格，使用了瑞典久负盛名的水晶玻璃制品，这种玻璃制品被誉为"瑞典式优雅"。还有一个漂亮的餐具柜，是提姆·贝茨（Tim Bates）于1970年设计的。还有，不要错过卡尔·马尔姆斯（Carl Malmsten）滕的蓝色沙发和霍斯特·布鲁宁（Horst Brüning）的包豪斯风格的座椅。凯瑟琳和艾克的独家选择是非常高质量的。

Lighthouse

灯塔

THiNK 折中主义

这房子看起来像一座灯塔，不过不是从外观方面来看，从外面看，它只是角落里的一排高房子。然而，房间里众多的窗户和里面流动的管线，给了我们一种灯塔的印象。"这或许是因为我们几乎把原来的一切都推倒了"，芭芭拉·伊文斯（Barbara Iweins）解释道。事实上，这创造出了一个相当开放的内部结构，一旦你进入房间，它就会引导你一直向上走。芭芭拉住在三楼，上面有卧室，还有一个屋顶露台，从那里你可以欣赏整个阿姆斯特丹市。房间里的一切都围绕着一个中央楼梯旋转，这也加强了灯塔的感觉。这个楼梯也为房子和其中的居住者提供了一种特殊的动感。因为几乎没有任何门，你可以很快地走上楼梯，而且生活空间在几层楼之间被连接在了一起。这种流动的元素也出现在芭芭拉拍摄的肖像中，这些照片出奇地生动活泼。作为一名摄影师，她显然对光线有着极大的亲切感和敏感度。她说："我喜欢巴洛克风格，但最后我把所有东西都涂成了白色。"这与她对光线的热爱有关。巴洛克风格则从散布在室内的无数零零散散的发现中表现出来。有纹理的墙壁和地板及一些工业风的灯具，赋予了这个住所一种工作室的外观和感觉。她说："我喜欢光滑与粗糙、黑暗与光明之间的对比。"

"虽然我喜欢巴洛克风格，但我总是会回到白色"，摄影师芭芭拉·伊文斯解释道。当然，这很大程度上取决于地方本身的特点。这间位于阿姆斯特丹的角落里的房子沐浴着阳光，它的高度使它成为一座灯塔型建筑。房子的内部情况不太好，需要彻底翻新。原本的建筑结构都被剥离了，其中很多材料都得到了重复利用。粗糙的墙壁被很好地整合在一起，以强调工作室的感觉。这样，他们才保存了这座古老建筑的灵魂。

THiNK 折中主义

为了创造一个开放的生活空间，所有的墙壁都被拆
除了，这样能够允许光线自由流通。楼梯蜿蜒地穿
过整座建筑。棕色的中古家具和白色背景的对比令
人耳目一新，工业风设计则创造了一种冷淡的氛
围。墙上挂着一张芭芭拉·伊文斯拍摄的照片。

这间厨房是芭芭拉自己设计的，用的是回收的地
板。她增加了几盏车间灯，浴室也是以这种功能性
风格设计的。在这座房子里，白色墙壁与大量木材
的结合也是装饰的主题。

THiNK 折中主义

Eccentric Rotterdam

古怪的鹿特丹

THiNK 折中主义

古怪的鹿特丹

THiNK 折中主义

在房屋内部，我们可以看到周围环境，比如，鹿特丹市中心建筑的刚性结构和巴洛克式的装饰之间的对比。这组制作于 20 世纪 70 年代的橱柜，装饰着美丽的乌木铁皮。公羊头咖啡桌由利昂·弗朗索瓦·切维特设计，桌子周围的椅子也是 20 世纪 70 年代的作品，由比利时人鲁迪·韦尔勒斯特为 Novalux 公司设计。

如果你喜欢对比，那你应该在鹿特丹好好待几天，因为鹿特丹是荷兰所有城市中最古怪的一个。在这里，当代艺术、设计和建筑都很突出，摩天大楼的天际线则增添了额外的活力，鹿特丹能在艺术设计等方面带给你很大提升。然而，这样的对比同样也隐藏在这个令人惊叹的工作室里。它坐落在一个现代化的街区里，俯瞰着一座中世纪的教堂——在战争期间遭受毁灭性轰炸后幸存下来的为数不多的古老纪念碑之一。这是公寓的设计者迈克尔·佐默斯（Michael Zomers）和雷内·乔纳尼尔（René Jongeneel）居住的地方，他们一起经营着位于市中心的一家充满芬芳的花店——Zomers。从表面上看，这里的装饰很简单，像一个玻璃盒子，里面有厨房、浴室和卧室。然而，它是精致、完善的，屋中有许多巴洛克风格的物品和一些金色的色调。雷内·乔纳尼尔说："金色是一个温暖的谜。只要有一点想象力，你就可以把这个室内装修想象成巴洛克风格的现代版本，而巴洛克风格曾经被荷兰优秀的画家刻在嵌板上，因此得以永久流传。另外，光产生了额外的色彩风味和优雅的色调，就像在绘画中一样。然而，这座房子的室内装饰相当惊人、不同寻常，并且以一种当代的方式带给人神秘感。"

THiNK 折中主义

公寓的基本设计是一个阁楼，只有很少的墙壁，几乎没有任何门和混凝土地面。这个锋利的框架加强了巴洛克风格的装饰动物和其独特的物品和家具之间的对比。

Interbellum

两次世界战争之间的间隙

两次世界战争之间的间隙

这个小小的度假屋给了我们一种找到金矿般的惊喜。它看起来像一个潜望镜，并且可以观察四周。这座小房子既简单又复杂。比利时前卫建筑师巴特·朗斯（Bart Lens）和他的女朋友比克（Bieke）会在周末来这里休息度假。巴特有意地保留了原有的建筑，这对于一个当代风格的建筑师来说是不太常见的。这座房子坐落在尼乌波特，这是一个在第一次世界大战后以佛兰芒新文艺复兴风格重建的海滨城镇。这实际上并不是一座现代建筑，反而带有一种受到当地传统启发的风格：它有个性，有一种安全感和和谐感。现在，许多这样的建筑都被毫无创意的公寓楼取代，因此，可以说这座小房子的翻修正是巴特·朗斯对这种趋势的一种声讨。他想用一种更现代的风格来展示这座古老的建筑是多么容易让人感到宾至如归。他拆除了原本的室内装饰，重新使用了大量砖块——以保持这座房子和当地建筑的关联性，同时也赋予了室内装修一种原始质朴的感觉，这种改动实际上让这座房子变得很现代化。看看那些自制的水龙头、独特的浴缸和被设置在多孔钢笼里的卧室，所有这些都是简单的折中化处理和充满了独创性的解决方案，却非常鼓舞人心。

半层楼增强了这座建筑结构的垂直度。这使得游客能够从内部欣赏到建筑强大的力量感。建筑师提倡使用该地区特有的建筑材料，比如，砖石，他甚至在楼梯上也使用了这种建筑材料。

THiNK 折中主义

砖块和原生态的木板增加了视觉上的感知能力。大
部分建筑材料都是当场回收的,粗糙的天花板和地
板提供了一种安全感,让这个地方成了一座真正的
度假别墅。乡村家具设计的共生性则令人感到振奋
人心。

178   两次世界战争之间的间隙

尼乌波特在第一次世界大战中被摧毁，此前，这里
是一个拥有许多小房子的中世纪小镇。这是一座战
后建筑，却有中世纪建筑般的感觉。建筑师朗斯发
现了这一战后重建建筑的迷人之处，并且给他的新
创作带来了挑战。

　　　　　　　两次世界战争之间的间隙

这里的一切都非常完美：浴室单元有两个木制的
桶，一个当作浴缸，一个用作水槽。这是一个非常
巧妙的解决方案。水龙头上的细节是手工制作的。
白色的地板让一切看起来都很清新。

THiNK 折中主义

Rug-mania

地毯狂热

THiNK 折中主义

这间宽敞的公寓被拆掉了几面内墙，用以增加空间感。混凝土天花板是对 20 世纪 70 年代的野兽派建筑的又一致敬。事实上，这座建筑就是在那个时候建造的。金·韦伯斯特把她的公寓装修成了 20 世纪 70 年代嬉皮士的轻松风格。

为了给她的公寓增加额外的空气流通、光线和空间，室内设计师金·韦伯斯特拆除了前门以外的所有门，有些墙面也被拆除了。这样做的结果是，最终形成了一个有着深刻视角的令人愉快的家。不同颜色的墙面将空间分隔开来。到处都是带有美丽黄铜把手的口袋门，提供了住户所需的私密性。不过，所有的部分都可以随时被打开。很长一段时间，金·韦伯斯特只做酒店装饰项目，而她现在专注于家庭装修。这些年来，她尽可能以最大的自由度收集各种装饰物品。这种对收藏的热情带来了一种特别好玩、轻松，并且有点冷淡的室内氛围。屋子里各种发现使整座房子变得很有艺术感。地板上是她从各地带回来的漂亮的古董地毯。厨房里甚至还有一只瓷制的鹦鹉。她并不害怕小小的冲突感。金·韦伯斯特喜欢有点忙碌的工作。而且她还认为，在自己的公寓里不断创造新场景和氛围，是一件非常令人兴奋的事情。从外面"辐射"出来的大量绿色植物给这个地方带来了一点丛林热的感觉。此外，混凝土天花板可能是对巴西的现代野兽派建筑的一种致敬。事实上，这座布鲁塞尔公寓的建筑历史可以追溯到1970年，那时候混凝土建筑一度非常流行。这套公寓散发出一种绝妙的异国情调，立即会产生一种令人放松的效果。

整个生活空间的通透感（见第 189 页）令人印象
深刻。壁炉周围的镜子能够让房间外面的小花园
映入室内。卧室装修风格的灵感来源于 20 世纪 50
年代的闺房沙龙。在这里，金器和铜制品的触感，
能够带给人一种节日的感觉和安全感。

THINK 折中主义

Orange Fever

橙色狂热爱好者

193　　　THiNK　折中主义

　　拉夫·维温普（Raf Verwimp）的家里到处都有高大的丛林般的树木，丛林之间还有很多可看的地方，因为拉夫喜欢完整的巴洛克式的室内装饰风格。这个住宅看起来很像一个丛林小屋，你甚至可以看到鹦鹉在周围飞翔。不过实际上你是在利尔，这是一个临近安特卫普的历史悠久的小镇。拉夫·维温普不仅是一名花艺师，他同时还在为荷兰公司Des Pots生产玻璃、陶瓷和木材制品。任何有创造力的人都不应该学习、研究得过度，而应该立刻行动起来。拉夫喜欢各种领域的事物，他充满好奇心，总是能发现一些东西。他很喜欢逛布鲁塞尔的跳蚤市场，还有安特卫普的修道院古董街。这座丛林间的阁楼坐落在一间老旧的校舍之上。为了引入充足的光线，他在房间里增加了高大的窗户。他的室内装饰风格非常丰富多彩。橙色则是他最喜欢的颜色。"我不喜欢死板的室内装修"，拉夫解释道："对我来说，它们都太过理性了。我喜欢有情感的装饰风格，这样你可以在那里立即展示你的发现。这也是我插花的方式：迅速、自然、不多想，随心而动。"不过他把家布置得非常实用，夹层里有一个漂亮的睡觉区，还有一个小客厅和一个浴室单元。他可以在那里欣赏到屋子里宽敞的景色，还有门外的老教堂。

这个案例是本书中最终极版本的丛林狂热，这里几乎可以算是一个原始森林了——只是没有鹦鹉在其间飞来飞去。这里是花艺师拉夫的栖息之所。他翻修了一幢旧校舍，这也解释了这座房子的高天花板和大空间。拉夫非常喜欢运用色彩和各种不寻常的设计。他的卧室被设置在客厅上方的夹层上。

橙色狂热爱好者

图片里展示的是两个相当具有亲密感的空间：卧室和临近露台的花园房间。请留意这些 20 世纪 50 年代的藤编家具，它们与地板和色彩鲜艳的墙壁完美搭配。这是一种非常令人激动，且具有亲密感的装饰风格。